Abebaw Misganaw

# Avaliação da diversidade genética do Níger utilizando marcadores EST-SSR

Abebaw Misganaw

# Avaliação da diversidade genética do Níger utilizando marcadores EST-SSR

ScienciaScripts

**Imprint**



Cover image: www.ingimage.com

This book is a translation from the original published under ISBN 978-3-330-33384-0.

Publisher:
Sciencia Scripts
is a trademark of
Dodo Books Indian Ocean Ltd. and OmniScriptum S.R.L publishing group

120 High Road, East Finchley, London, N2 9ED, United Kingdom
Str. Armeneasca 28/1, office 1, Chisinau MD-2012, Republic of Moldova, Europe
Managing Directors: Ieva Konstantinova, Victoria Ursu
info@omniscriptum.com

Printed at: see last page
**ISBN: 978-620-8-56659-3**

## Resumo do conteúdo

## Agradecimentos

O autor gostaria de agradecer ao Instituto de Investigação Agrícola da Etiópia, em particular ao Centro Nacional de Investigação em Biotecnologia Agrícola e ao Laboratório Central de Biotecnologia Molecular, pelos seus esforços incansáveis no fornecimento de todos os reagentes necessários, equipamento de laboratório e outra supervisão do trabalho. Os esforços do Ethiopian Biodiversity Conservation Institute e do Holetta Agricultural Research Center, High Land Oil Crops Improvement Program, são também muito apreciados pela sua cooperação no fornecimento de material de plantação. Finalmente, o Dr. Tesfaye Disasa forneceu e ensinou o software necessário para a análise molecular dos dados e comentou a redação completa do manuscrito.

# Resumo

O Níger *(Guzoita abyssinica)* é tradicionalmente muito importante na Etiópia para a produção de óleo e como cultura oleaginosa. A extensão da diversidade genética do Níger não foi estudada a nível molecular, particularmente com marcadores de microssatélites, que são baratos, informativos e codominantes. Neste estudo, amostras contrastantes de 65 acessos de germoplasma de Níger da Etiópia de diferentes regiões eco-geográficas foram analisadas com onze marcadores SSR polimórficos derivados de EST. Com base numa matriz de dissimilaridade de 0,056 a 0,75, os acessos foram classificados em três grupos principais e seis subgrupos, mostrando a riqueza da diversidade genética para utilização em futuros programas de melhoramento. Os marcadores SSR derivados de EST utilizados neste estudo também apresentaram um elevado conteúdo de informação polimórfica (PIC), variando entre 0,2624 e 0,3677, com uma média de 0,3308, o que indica a utilidade dos primers na caraterização futura do germoplasma do Níger, fornecendo informações básicas de seleção para os criadores. O número médio da frequência dos alelos principais, a diversidade genética e a heterozigotia utilizando o marcador de potência v3.25 apresentaram um valor de 0,69, 0,42 e 0,50, respetivamente. O número de alelos privados utilizando o GenAlEx 6.41 é de 66 alelos com uma média de 9 alelos por locus.

A utilização de marcadores EST-SSR para estudos de diversidade estabelece, por conseguinte, as bases para a compreensão da distância genética entre plantas cultivadas e contribui significativamente para o seu melhoramento e conservação contínuos.



**PALAVRAS-CHAVE: alelos, dendrograma, diversidade, marcador EST-SSR, heterozigotia, locus, Níger e PIC**

## Acrónimos e abreviaturas

CSA- Central Stastical Agency

CTAB- Cetyl trimethyl ammonium bromide

EST - Expressed Sequence Tag

GA- Guizotia abyssinica

gDNA- Genomic DNA

ISSR -Inter Simple Sequence Repeat

NJ- neighbour joining

PCR- Polymerase Chain Reaction

PIC -Polymorphic Information content

QTL- Quantitative Trait Loci

RAPD -Randomly Amplified Polymorphic DNA

SSR - Simple Sequence repeats

TAE- Tris Acetate EDTA

# CAPÍTULO 1

## Introdução

O Níger *(Guzoita abyssinica, 2n=30)* pertence à família das plantas Asteraceae. É uma das plantas oleaginosas mais valiosas da Etiópia (Getinet e Sharma, 1996). O Níger cresce em solos alagados onde outras sementes oleaginosas não se desenvolvem, e o seu cultivo é benéfico para a conservação e recuperação do solo. O género *Guizotia* compreende seis espécies, cinco das quais, incluindo a Níger, são nativas das terras altas da Etiópia. É uma gramínea dicotiledónea moderadamente a bem ramificada que pode crescer até 2 m de altura. As sementes de Níger contêm cerca de 40% de óleo, com um teor de ácidos gordos de 75-80% de ácido linoleico, 7
8% de ácido palmítico e esteárico e 5-8% de ácido oleico (Getinet e Teklewold 1995). Originário da Etiópia, o Níger é o centro da sua diversidade, onde é cultivado em alternância com cereais e leguminosas. O Níger foi objeto de pouca atenção por parte da comunidade científica, razão pela qual é considerado uma "cultura oleaginosa negligenciada e pouco explorada" (Getinet e Sharma, 1996). Atualmente, é cultivada em grande escala na Etiópia, mas recebeu apenas uma atenção limitada por parte dos agrónomos, e as técnicas modernas de melhoramento ainda não foram utilizadas para a melhorar. O Níger (*Guzoita abyssinica*) é tradicionalmente muito importante na Etiópia para a produção de óleo e como cultura oleaginosa, mas de forma menos consistente na Índia, África e Ásia (Getinet e Sharma, 1996). Tem sido cultivada na Etiópia desde, pelo menos, o segundo milénio a.C. e, provavelmente, muito antes (Boardman, 1999; Boardman, 2000) .

Na maioria dos locais, o Níger é cultivado como uma cultura mista, o que oferece a possibilidade de variação morfológica. Consequentemente, não está a ser melhorado utilizando técnicas modernas de melhoramento. Qualquer programa de melhoramento de culturas começa por identificar a variabilidade entre genótipos. O Níger foi objeto de uma caraterização morfológica (Bulcha *et al.*, 2005). Foi colocada a hipótese de que a planta domesticada *Guzoita abyssinica* evoluiu provavelmente a partir do tipo selvagem Guizotia *scabra ssp. Schimperi* (Petros *et al.*, 2007). Para além da caraterização do niger com base na morfologia, foram realizados estudos utilizando marcadores moleculares como o ISSR (Petros *et al,*

2007) e RAPD (Geleta *et al.*, 2007) foram também efectuadas para avaliar a divergência genética entre acessos no Níger. De acordo com (Dempewolf *et al.*, 2010a), a identificação de SSR foi efectuada utilizando a biblioteca EST de *Guzoita abyssinica*. Isto proporcionou uma primeira visão sobre a evolução dos SSRs, que não era conhecida anteriormente. Os microssatélites (SSRs) são bastante numerosos nos genomas dos eucariotas. Fornecem excelentes informações sobre a diversidade genética das culturas; são hipervariáveis, específicos do locus, multialélicos, codominantes, rápidos, pouco dispendiosos e independentes de factores ambientais (Pejio *et al,* 1998). Têm uma vasta aplicação genética no estudo da diversidade genética, na genotipagem, na procura de ligações entre colecções de diferentes origens geográficas e pools genéticos, bem como na identificação de colecções nucleares para permitir uma gestão simples e uma utilização eficiente dos recursos genéticos (Alemayehu, 2007).

O objetivo deste estudo foi, portanto, investigar a diversidade genética de 65 acessos do Níger utilizando 11 marcadores EST SSR, a fim de melhorar a produção e a produtividade e avaliar a diversidade genética do Níger a nível molecular, o que é de importância fundamental para futuros programas de melhoramento. As tentativas anteriores de caraterizar a diversidade das populações do Níger utilizando marcadores SSR genómicos anónimos foram inconclusivas na determinação do nível de diversidade dentro e entre populações (Geleta *et al.*, 2007), e a desvantagem dos marcadores SSR genómicos anónimos é o custo elevado do seu desenvolvimento e o tempo necessário para o seu processamento. No presente estudo, foram utilizados 11 marcadores SSR derivados de EST para monitorizar a diversidade genética e os padrões evolutivos de 65 acessos do Níger, a fim de obter uma melhor compreensão das suas origens. Este artigo revê a literatura atual disponível sobre os recursos genéticos do Níger e apresenta as perspectivas e limitações da produção no Níger.

# CAPÍTULO DOIS

# 2. REVISÃO DA LITERATURA

## 2. 1. taxonomia e nomes das espécies

### 2. 1.1 O lugar do niger na sistemática vegetal

O género *Guizotia* pertence à família Compositae, filo Heliantheae, subtribo Coreopsidinae. Uma revisão taxonómica do género baseada em caracteres morfológicos foi apresentada por Baagoe (1974). Reduziu o número de espécies do género *Guizotia* para seis: *G. abyssinica* (L. f.) Cass; *G. scabra* (Vis.) Chiov. subsp. *scabra* e subsp. *schimperi* (Sch. Bip.) Baagoe; *G. arborescens* I. Friis; *G. reptans* Hutch; *G. villosa* Sch. Bip. e *G. zavattarii* Lanza. *Guizotia scabra* contém duas subespécies, *scabra* e *schimperi. A Guizotia scabra* subsp. *schimperi,* conhecida localmente como "mech", é uma infestante anual comum na Etiópia. Existe controvérsia sobre a categoria taxonómica de *G. abyssinica* e *G. scabra* subsp. *schimperi* (Murthy *et al.*
1995). *Guizotia abyssinica* e *G. scabra* subsp. *schimperi* são morfologicamente muito semelhantes, são ambas anuais e são atacadas pelos mesmos parasitas e doenças. As duas espécies têm *2n=30* cromossomas e um cariótipo semelhante. O híbrido entre *G. abyssinica* e *G. scabra* subsp. *schimperi* é fértil e produz 15 bivalentes em 95% das células-mãe do pólen. De facto, *a G. scabra* subsp. *schimperi* está mais próxima da *G. abyssinica* do que da *G. scabra* subsp. *scabra* perene.

Com base em provas citológicas, Murthy *et al* (1995) propuseram agrupar as duas espécies *G. abyssinica* e *G. scabra* subsp. *schimperi* numa única espécie.

No entanto, *G. abyssinica* foi descrita por Cassini em 1829 e *G. scabra* em 1841, e as regras internacionais de nomenclatura botânica não apoiariam a inclusão de *G. scabra* subsp. *schimperi* como uma subespécie de *G. abyssinica*. Dado que *G. scabra* subsp. *schimperi* é uma espécie selvagem, é improvável que uma espécie selvagem seja derivada de uma espécie cultivada. Por conseguinte, a descrição original de Baagoe

(1974) do Níger cultivado como *G. abyssinica* (L. f.) Cass. deve ser mantida por enquanto. Outros taxa dentro do género *Guizotia*, tais como a população "Chilulu" (Dagne 1994b) e *G. bidentoides* Oliver et Hiern (Murthy 1990), foram mencionados na literatura.

### 2. 1.2 Nome botânico aceite da espécie e sinónimos

O nome botânico aceite da espécie e os sinónimos de acordo com Baagoe (1974) e Schultze-Motel (1986) são : *Guizotia abyssinica* (L. f.) Cassini in Dict. Sci. Nat. 59 (1829) 248 - *Polymnia abyssinica* L. f., Suppl. (1781) 383 ; *Verbesina sativa* Roxb. ex Sims, Bot. Mag. 25 (1807) t. 1017; *Polymnia frondosa* Bruce, Trav. ed. 3, Atlas (1813) t. 52; *Parthenium luteum* Spr. in Neue Entdeck (1818) 31; *Heliopsis platyglossa* Cass. in Dict. Sci. Nat. 24 (1822) 332; *Jaegeria abyssinica* Spr. in Syst. 3 (1826) 590; *Guizotia oleifera* DC, Sept. note Pl. rar. Jard. Geneve, Mem. soc. hist. nat. Geneve 7 (1836) 5, t. 2; *Veslingia scabra* Vis. in Nuovi Saggi Accad. Sc. Padova 5 (1840) 269; *Ramtilla oleifera* DC. in Wight, Contrib. 18 (1834). Tipo: *Guizotia abyssinica* (L. f.) Cassini. Família: Compositae (Asteraceae). O Níger é uma planta oleaginosa que é cultivada há milhares de anos na Etiópia e na Índia. A espécie tornou-se conhecida na Europa graças à expedição de James Bruce à Etiópia em 1774 (Baagoe, 1974). Este deu amostras de sementes de niger a naturalistas franceses, que estudaram a planta. O primeiro nome dado à planta foi *Verbesina oleifera*. A primeira descrição botânica da niger foi *Polymnia abyssinica* L. O Herbário Linnaean de Londres possui um exemplar correspondente a esta descrição e com o nome *Polymnia bidentis* com a palavra *abyssinica*.

Outra descrição efectuada por Cassini (1821) foi *Heliopsis platyglossa*, provavelmente baseada em amostras de Bruce. Oito anos mais tarde, Cassini (1829) reconheceu que *Heliopsis platyglossa* e *Polymnia abyssinica* eram idênticas e deu-lhes um novo nome, *Guizotia abyssinica* Cass. O nome *Guizotia* foi dado pelo historiador francês Frangois Pierre Guillaume Guizot. Os botânicos que trabalhavam na Índia, que não estavam familiarizados com a flora africana, utilizaram nomes diferentes. *Verbesina sativa* foi o primeiro nome utilizado para este táxon. Foi também utilizado o taxon *Jaegeria abyssinica*. De Candolle (1836) descreveu o táxon como *Ramtilla oleifera*. Dois anos mais tarde, verificou que a sua descrição e a *Guizotia abyssinica* Cass. de Cassini eram idênticas e propôs um novo nome, *Guizotia oleifera* (DC). Após o Congresso Botânico de Viena em 1905, o nome *Guizotia* foi mantido e em 1930, no Congresso Botânico de Cambridge, o nome *Guizotia abyssinica* (L. f.) Cass. foi proposto como o nome correto.

### 2.1.3 Nomes vulgares das espécies

Os nomes habituais das espécies de acordo com Chavan (1961), Patil e Joshi (1978), Patil e Patil (1981) e Seegeler (1983) são
Inglês
Níger, sementes de niger, óleo de sementes de niger, óleo de erva Ramti da Etiópia
(Amárico) nog, nuk, nook, noog (a planta), nehigue (o óleo) (Tigrínia e Sahinya)
neuk, nuhk, nehug, nehuk (Orimigna, Galignya) nuga, nughi
(Kaffinya) nughio (Gumuzinya) gizkoa
francês
Guizotia oleifere, niger
alemão
Ginge llikraut
Indiano

(assamês)
sorguja (bengali)
sarguza (Oriya) alashi
(telugu) verrinuvvulu
(Tamil) payellu
(Kannada) hechellu
(Marathi) karale ou khurasani
(Gujarati) ramtal
(Hindi) ramtil ou jagni (Punjabi) ramtil
Denominação médica *Semen guizotiae oleiferae*

## 2.2 Breve descrição da colheita no Níger

### 2.2.1 Descrição botânica

O Níger é uma erva anual dicotiledónea. A germinação é epígea e as plântulas têm um hipocótilo e cotilédones de cor verde pálido a acastanhado (Seegeler, 1983). Os cotilédones permanecem na planta durante muito tempo. A primeira folha é pequena e emparelhada, e as folhas seguintes são maiores. As folhas estão dispostas em lados opostos do caule; no topo do caule, as folhas alternam. As folhas têm 10-20 cm de comprimento e 35 cm de largura. A morfologia da margem da folha varia de pontiaguda a lisa e a cor da folha varia de verde claro a verde escuro, com uma superfície foliar lisa. O caule da Níger é liso a ligeiramente rugoso e a planta é geralmente moderada a bem ramificada. Os caules do Níger são ocos e partem-se facilmente.

O número de ramos por planta varia entre cinco e doze; em povoamentos muito densos, o número de ramos é menor. A cor do caule varia do púrpura escuro ao verde claro e o caule tem cerca de 1,5 cm de diâmetro na base. A altura média da planta niger é de 1,4 m, mas pode variar consideravelmente devido a influências ambientais, tendo sido registadas alturas de até 2 m no vale de Birr, na Etiópia. A flor do niger é amarela e raramente ligeiramente verde. As cabeças das flores têm 15 a 50 mm de diâmetro, com floretes de raio com 5 a 20 mm de comprimento. Dois a três capítulos (cabeças) crescem juntos, cada um com floretes de raios e flores discóides.

A base da flor é hemisférica, com 1 a 2 cm de diâmetro e 0,5 a 0,8 cm de altura. A base da flor é rodeada por duas filas de brácteas. A cabeça da flor é constituída por seis a oito floretes femininos férteis, com óvulos estreitamente elípticos e obtusos. O estigma tem dois ramos enrolados com cerca de 2 mm de comprimento. As flores hermafroditas em forma de disco, geralmente 40-60 por cabeça de flor, estão dispostas em três espirais. As flores em forma de disco são amarelas a laranja, com estames amarelos e um estigma densamente peludo. O aquénio é em forma de clube, obovado e estreitamente alongado (Seegeler 1983). A cabeça produz cerca de 40 frutos. Os aquénios são pretos com estigmas brancos a amarelos na ponta e na base e têm um tegumento duro. O embrião é branco. O Níger é geralmente cultivado em solos leves, pobres e de textura grosseira (Chavan 1961). É cultivado em monocultura ou em associação com outras plantas. Quando consorciado, substitui a lavoura e a cultura principal. Na Etiópia, é cultivada principalmente como planta única em solos argilosos e vive da humidade armazenada. Uma descrição mais pormenorizada da agronomia no Níger pode ser encontrada em Agronomia.

### 2.2.2 Modo de reprodução

O desenvolvimento da flor, a extensão da polinização cruzada e da autopolinização e o momento da fertilização são critérios importantes para a seleção. Na Etiópia, os botões em forma de cesto abrem-se cerca de 2 meses após a plantação (Seegeler 1983). A antese da flor começa de manhã cedo, cerca das 6 horas, a emissão de pólen começa 2 horas mais tarde e dura até 10 horas nas condições de Holetta, Etiópia (Teklewold, 1995). O pistilo está coberto de pólen, mas a parte recetiva raramente ou nunca entra em contacto com este pólen, o que favorece a polinização cruzada. São necessários 8 dias para que uma cabeça individual ou uma cabeça de flor e 6 semanas para que um campo complete a floração (Seegeler 1983). O Níger é uma espécie de polinização cruzada completa com um mecanismo de auto-incompatibilidade (Chavan 1961; Mohanty 1964; Shrivastava e Shomwanshi 1974; Sujatha 1993) e os insectos, particularmente as abelhas, são os principais polinizadores (Ramachandran e Menon 1979). A auto-incompatibilidade do niger torna difícil a produção de sementes auto-semeadas. Em Holetta, 600 acessos foram testados quanto à sua capacidade de produzir sementes auto-férteis usando sacos de musselina (Riley e Belayneh 1989). Vinte e dois dos 600 acessos produziram cerca de 1 g de semente auto-fértil por planta, indicando que o germoplasma de Níger com algum grau de auto-compatibilidade existe no património genético etíope. Ao cruzar o Níger, as flores hermafroditas em forma de disco são removidas da cabeça da flor após 1 a 3 dias e as flores femininas em forma de língua são polinizadas com pólen do segundo progenitor selecionado (Mohanty 1964; Naik e Panda 1968; Teklewold, 1995). A polinização após o terceiro dia não resulta na produção de sementes. Depois da polinização, o cesto é coberto com um saco durante uma semana para excluir qualquer pólen estranho. Este método produz uma boa quantidade de sementes de polinização cruzada.

### 2. 2.3 Citologia

As espécies do género *Guizotia* são diplóides com $2n=30$ cromossomas (Richharia e

Kalamkar 1938; Murthy 1990; Hiremath e Murthy 1992; Dagne 1994a). O cariótipo e as relações cromossómicas de 10 variedades indianas de niger foram estudados por Patel *et al* (1983). O comprimento dos cromossomas variou de 26,66 a 63,05 µm. Alguns cromossomas apresentaram uma variação considerável na razão do comprimento dos braços, que variou de 0,48 a 1,00. Com base na razão do comprimento do braço, os cromossomas foram classificados como medianos, submedianos e subterminais. O cariótipo de *G. abyssinica, G. scabra* subsp. *schimperi* e *G. villosa* é simétrico e o de *G. scabra* subsp. *scabra, G. zavattarii* e *G. reptans* é assimétrico (Hiremath e Murthy 1992; Dagne 1994a). O cariótipo de *G. abyssinica* e *G. scabra* subsp. *schimperi* foi idêntico e mostrou grande semelhança com *G. villosa*. *G. abyssinica* apresentou um cariótipo heterogéneo no que diz respeito ao número de cromossomas satélites e de cromossomas medianos e submedianos (Dagne e Heneen 1992; Hiremath e Murthy 1992).

O número de cromossomas medianos variou de 18 a 26 e o número de cromossomas submedianos de 2 a 10. Os cruzamentos interespecíficos entre espécies do género *Guizotia* foram estudados por Dagne (1994b) e Murthy *et al.* (1993). Foram produzidas plantas híbridas (F) entre cruzamentos de *G. abyssinica* com *G. scabra* subsp. *schimperi, G. scabra* subsp. *scabra* e *G. villosa* em ambas as direcções (Dagne 1994a). Dagne também relatou que em todos os cruzamentos com *G. abyssinica*, a produção de sementes do híbrido foi maior quando *G. abyssinica* foi usada como macho. A planta F11 resultante do cruzamento *G. abyssinica* x *G. scabra* subsp. *schimperi* tinha 15 bivalentes em 95% das células-mãe do pólen, 4% eram monovalentes e nenhuma era polivalente (Dagne 1994a). O cruzamento F entre *G. abyssinica* x *G. scabra* subsp. *scabra* apresentou 15 bivalentes em 69% das células-mãe do pólen e monovalentes na metáfase I. Ele observou 15 bivalentes em 89% das células-mãe do pólen do cruzamento *G. abyssinica* x *G. villosa*. O F entre *G. scabra* subsp. *scabra* x *G. villosa* apresentou 15 bivalentes em 89% das células, univalentes e não multivalentes. A viabilidade polínica (capacidade de coloração) das plantas F1 entre *G. abyssinica* e *G. scabra* subsp. *schimperi, G. scabra* subsp. *scabra* e *G. villosa* foi de 81,5, 46,6 e 30,6%, respetivamente. A planta F resultante do cruzamento entre *G. scabra* subsp. *scabra* x *G. villosa* apresentou 49,3% de pólen viável. Estas análises citológicas levam a concluir que o pequeno género *Guizotia* é constituído por espécies estreitamente relacionadas.

## 2.3. Origem e centro da diversidade

Baagoe (1974) descreve a distribuição do género *Guizotia* em África. A distribuição das espécies de Guizotia em África, tal como consta do mapa de distribuição de Hiremath e Murthy (1988), não é correta, contrariamente ao indicado por Baagoe (1974). Em África, *a G. abyssinica* encontra-se principalmente nos planaltos etíopes, sobretudo a oeste do vale do Rift. A G. abyssinica encontra-se também em partes do Sudão, Uganda, Zaire, Tanzânia, Malawi e Zimbabué, bem como nas Antilhas, Nepal, Bangladesh, Butão e Índia (Weiss 1983).

O género *Guizotia* é nativo da África tropical (Baagoe 1974). *A Guizotia villosa* é encontrada em

muito comum nas terras altas do norte e sudoeste da Etiópia. *Guizotia zavattarii* é endémica em torno do Monte Mega no sul da Etiópia e nas colinas Huri do norte do Quénia.

Norte do Quénia. *A Guizotia arborescens* é nativa do sudoeste da Etiópia e das montanhas Imantong, na fronteira entre o Sudão e o Uganda. *A Guizotia scabra* subsp. *scabra* encontra-se desde a Etiópia até ao Zimbabué, no sul, e até ao planalto da Nigéria, a oeste, sendo interrompida pelo deserto do Sudão e pela floresta tropical do Congo. *Guizotia reptans* é endémica das regiões do Monte Quénia, Aaberdares e Monte Elgon da África Oriental e é o único táxon não registado na Etiópia (Dagne 1994b). Baagoe (1974) apresentou quatro pontos relativamente à origem de niger: em primeiro lugar, a maior concentração de espécies de Guizotia encontra-se na Etiópia; em segundo lugar, *G. abyssinica* também pode ser colhida no seu habitat natural; em terceiro lugar, a distribuição de niger é semelhante à de outras plantas cultivadas e, em quarto lugar, existe um comércio histórico entre a Etiópia e a Índia. Este facto sugere que a niger não é originária da Índia e pode ter sido introduzida na Índia por comerciantes da Etiópia. Pensa-se que foi introduzido na Índia por emigrantes etíopes, provavelmente no terceiro milénio a.C., juntamente com outras plantas cultivadas, como o painço (Dogget, 1987). É importante notar que os seus primos selvagens não foram levados com ela. Segundo a lenda, uma rainha etíope ocupou um vasto território na Índia nos tempos pré-históricos (Seegeler 1983) e encorajou os etíopes a emigrar para a Índia. Ainda hoje, há pessoas em Jaferabad, Kathiawar, que se consideram de origem etíope. Desconhece-se a veracidade desta lenda. A Índia é o maior produtor e exportador mundial de niger (Chavan 1961). É cultivado nos Estados indianos de Andra Pradesh, Madhya Pradesh, Orissa,

Maharashtra, Bihar, Karnataka, Nagar Haveli e Bengala Ocidental, dos quais Madhya Pradesh é o maior. Entre 1938 e 1948, a Índia exportou até 6968 toneladas de Níger por ano para a Europa Ocidental, a Europa Oriental e a América do Norte. Chavan (1961) salientou igualmente a importância do Níger para o comércio interestatal. O Níger foi também testado na Rússia, Alemanha, Suíça, França e Checoslováquia no século XIX (Weiss 1983). Na Rússia, foi testado em 1926 após a visita de Vavilov à Etiópia, mas o baixo rendimento das sementes tornou-o não rentável.

## 2. 4. importância económica do Níger

O niger é consumido por ovinos, mas não por bovinos, que só podem ser alimentados com silagem de niger (Chavan 1961). O niger é também utilizado como adubo verde para aumentar a matéria orgânica do solo. As sementes de niger são utilizadas como alimento. As sementes são aquecidas num caldeirão em fogo aberto, esmagadas com um pilão num almofariz e depois misturadas com leguminosas esmagadas para preparar "wot" na Etiópia (Seegeler 1983). O "chibto" e o "litlit" são preparados a partir de sementes de Níger esmagadas, misturadas com cereais torrados, e são a comida preferida dos rapazes.

Na Etiópia, o niger é cultivado principalmente pelo seu óleo comestível. O óleo amarelo pálido das sementes de niger tem um sabor a noz e um cheiro agradável. O método tradicional de extração do óleo de niger na Etiópia consiste numa combinação de aquecimento, trituração e mistura com água quente, seguida de centrifugação numa "ensera" (recipiente de barro). Após uma hora de centrifugação manual sobre uma superfície lisa e macia, o óleo amarelo pálido deposita-se na farinha. O Níger é também prensado em pequenas prensas domésticas e em grandes lagares. Pequenas prensas domésticas eléctricas são fabricadas em Addis Abeba e Nazreth, na Etiópia, sob diferentes marcas e com diferentes capacidades. A farinha deixada após a extração do óleo com os batedores etíopes contém entre 6 e 12% de óleo, dependendo do batedor. Existem muitas máquinas de extração nas províncias etíopes de Arsi, Bale, Gojam, Gonder, Shoa e Wellega.

Na Índia, o óleo é extraído por "ghanis" locais, movidos por bois e moinhos rotativos (expeller de chalé) ou por expellers mecanizados e prensas hidráulicas em grandes áreas industriais. O óleo do Níger é utilizado para cozinhar, iluminar, ungir, pintar e limpar máquinas (Chavan 1961; Patil e Joshi 1978; Patil e Patil 1981). O óleo de níger é também um substituto do óleo de sésamo para fins farmacêuticos e pode ser utilizado para fazer sabão. A farinha que resta após a extração do óleo contém cerca de 24% de proteínas e 24% de fibra bruta (Seegeler, 1983). A farinha de niger indiana contém mais proteínas (30%) e menos fibra bruta (17%) do que a farinha etíope. A farinha de níger, que substitui a farinha de linhaça em quantidades de 0, 50 e 100%, tem sido utilizada como suplemento de azoto para vitelos em crescimento (Sinha *et al.* 1983). Não foram observadas diferenças significativas entre a farinha de Níger e a farinha de linhaça em termos de taxa de crescimento, eficiência alimentar e digestibilidade da matéria seca, e concluiu-se que a farinha de Níger poderia substituir a farinha de linhaça na ração de vitelos (Singh *et al.* 1983). Da mesma forma, quatro quantidades de farinha de Níger (0, 50, 75 e 100%) foram dadas em vez de farinha de amendoim a porcos brancos grandes de Yorkshire durante 9 semanas (Roychoudhury e Mandal 1984). Não houve diferença significativa no ganho de peso entre as rações contendo farinha de Níger ou farinha de amendoim. O concentrado de lipoproteínas de Níger foi administrado como única fonte de proteínas a ratos em crescimento durante 90 dias, não tendo sido observado qualquer efeito negativo na taxa de crescimento (Eklund 1971b). Um meio de ágar niger pode ser utilizado para distinguir *Cryptococcus neoformans* (Sant) Vaill, um fungo que causa uma doença cerebral grave, de outros fungos (Paliwal e Randhawa 1978). Há relatos de utilização do óleo de Níger para controlo da natalidade e para o tratamento da sífilis (Belayneh 1991). Os rebentos de Níger, misturados com alho e "tej", são utilizados para tratar a tosse.

## 2.5. Ecologia

Em geral, o Níger é cultivado nas zonas mais frias das regiões tropicais. As principais áreas onde o Níger é cultivado na Etiópia são caracterizadas por temperaturas moderadas, entre 15°C e 23°C, durante a estação de crescimento. Prinz (1976) estudou os efeitos da temperatura e da duração do dia no Níger etíope e indiano no campo e no fitotrão em Göttingen, Alemanha. O Níger etíope mostrou a melhor indução de flores a uma temperatura dia/noite de 18/13°C e uma duração do dia de 12 horas. Quando a duração do dia excedeu as 12 horas e a temperatura foi de 23°C, a floração foi significativamente atrasada. Os tipos etíopes não podem ser induzidos a florescer quando a duração do dia é superior a 14,5 horas. Uma vez iniciada a floração, esta permanece iniciada mesmo com fotoperíodos mais longos (Yantasath 1975). Os tipos etíopes podem ser induzidos a florescer 7 semanas após a plantação com uma duração do dia de 1112 horas. Não se observou a influência da temperatura na indução floral do Indian niger. Comprimentos do dia mais longos aumentaram o crescimento vegetativo e a altura das plantas nos tipos etíope e indiano, mas mais no tipo etíope do que no indiano. Em resumo, os tipos etíopes são tipos de dias curtos e os tipos indianos são tipos quantitativos de dias curtos. Na Etiópia, o niger é cultivado principalmente a média altitude e nos planaltos (16002200 m acima do nível do mar). Também é cultivado em altitudes mais baixas (500-1600 m) e mais elevadas (2500-2980 m) quando a precipitação é suficiente. O Níger está adaptado às regiões onde a pluviosidade não ultrapassa os 1000 mm por ano. Consoante a variedade e a distribuição da precipitação, podem também ser adequados níveis de precipitação mais elevados (1000-1200 mm) e níveis mais baixos de cerca de 500 mm. Na Índia, a precipitação entre 1000 e 1300 mm é óptima, mas uma precipitação bem distribuída de 800 mm também pode dar um rendimento adequado (Sharma 1990b). Se a precipitação exceder 2000 mm, o crescimento pode ser afetado, mas as plantas podem suportar chuvas fortes durante a fase vegetativa. É por isso que o Níger é a cultura mais adequada para as regiões montanhosas da Índia, onde a precipitação é elevada e a humidade é alta.

O niger cresce em quase todos os solos, desde que não sejam grosseiros ou extremamente pesados. Regra geral, é semeado em regiões com solos bastante pobres ou em solos argilosos pesados em más condições de crescimento. Desenvolve-se bem em valores de pH entre 5,2 e 7,3. O Níger tolera a humidade estagnada, desenvolvendo-se igualmente bem em solos drenados e em solos argilosos encharcados. O Níger é excecionalmente resistente à fraca oxigenação do solo, uma vez que pode desenvolver aerênquima nestas condições. Os aerênquimas só se desenvolvem quando as plantas Niger são cultivadas em condições de elevada estagnação da água e transportam o oxigénio dentro do cormo para o sistema radicular (Prinz 1976). A precipitação durante a sementeira e a maturação conduz à fragmentação das sementes e, por conseguinte, a um baixo rendimento.

O Níger é tolerante à salinidade (Abebe, 1975), mas a floração é atrasada quando a salinidade aumenta. Observou-se que as plantas cultivadas após o Níger crescem bem, e a inoculação do solo com solo em que o Níger foi cultivado resultou num aumento do crescimento das plantas cultivadas após o Níger (Yantasath 1975). Foi identificado um microrganismo envolvido na associação micorrízica, *Glomus macrocarpus*.

## 2.6. Agronomia

Na Etiópia, os agricultores plantam "abat" niger de meados de maio a princípios de junho e colhem em dezembro, "bungne" niger é plantado em julho e colhido em outubro e a época de crescimento de "mesno" niger estende-se de setembro a fevereiro. Estudos sistemáticos realizados no centro de investigação de Holetta revelaram que o período ótimo para a plantação de "abat" niger é entre meados de junho e meados de julho (Belayneh *et al.* 1986). Deve ser evitada a sementeira demasiado cedo, pois a chuva de outubro pode causar a fragmentação das sementes e reduzir os rendimentos. Na Índia, o Níger é cultivado como uma cultura de sequeiro durante as estações Kharif e Rabi (ICAR 1992). Em geral, é plantado de meados de junho a princípios de agosto para a estação "kharif", em setembro para a estação "semi-rabi" e em dezembro para a estação "rabi". O período ótimo de sementeira varia de província para província. O Níger é uma cultura de sementes pequenas e as taxas de sementeira variam de 5 a 10 kg/ha na Etiópia e de 5 a 8 kg/ha na Índia. A planta compensa as baixas taxas de sementeira aumentando a ramificação. Na Etiópia, é preferível uma menor quantidade de sementes para uma sementeira precoce. Na Índia, as sementes são tratadas com tirame a uma taxa de 3g/kg de sementes para prevenir doenças transmitidas pelo solo. Nestes dois países, é frequentemente semeada em linhas, mas também pode ser semeada em fileiras.

Na Etiópia, o Níger é cultivado principalmente como cultura única, geralmente em rotação com o tef e o milho. Nalgumas zonas, nomeadamente em Wello e Hararghe, na Etiópia, e em Maharashtra, na Índia, o Níger é cultivado como planta de fronteira em torno de um campo de cereais para evitar que os animais danifiquem as culturas de cereais. Na Etiópia, os agricultores referem frequentemente que o Níger é uma boa cultura precedente para os cereais e que as culturas subsequentes são menos invadidas por ervas daninhas. Este facto foi confirmado em ensaios de rotação de culturas, nos quais se obtiveram elevados rendimentos de cereais.

foram obtidos a partir do Níger. Estudos preliminares realizados em Holetta mostraram que um extrato aquoso de Níger inibe a germinação de ervas daninhas monocotiledóneas. Na Índia, o Níger é cultivado isoladamente ou em associação com panasco, rícino, amendoim, soja, sorgo, feijão-mungo, grão-de-bico e até girassol. O Níger reage muito pouco aos adubos azotados e fosfatados. No entanto, é necessária uma quantidade de 23 kg N/ha e 23 kg P2O/ha para o estabelecimento da cultura. Na Índia, são aplicados azoto e fósforo, bem como estrume de curral. Em Madhya Pradesh, recomenda-se 10 kg de N/ha e 20 kg de P 52O/ha aquando da sementeira e 10 kg/ha 35 dias após a sementeira. Em Orissa, são aplicados 20 kg de N/ha e 40 kg de P52O/ha aquando da sementeira e 20 kg de N 30 dias após a sementeira. Em Maharashtra, são aplicadas 4 toneladas de estrume de curral e 20 kg de N/ha aquando da sementeira. Em Andra Pradesh, 5 toneladas de estrume de curral e 10 kg/ha de azoto são aplicados na altura da sementeira. 5 O momento certo para colher o niger é uma prática importante em

quebra reduzida. Tradicionalmente, o Níger é colhido quando os gomos ainda estão amarelos e empilhado para secar. A pilha é então levada diretamente para a eira. Uma vez que as sementes de niger se encontram pouco compactadas na cabeça, a debulha é fácil. Estudos demonstraram que o niger é colhido quando o teor de humidade dos gomos é de 45-50% ou quando os gomos passam de amarelo a amarelo-castanho, que é a fase ideal (Belayneh 1987). Na Índia, é colhida quando as folhas secam e a cabeça fica preta (ICAR 1992). Quando colhidas, as plantas são mantidas em montes e, uma vez secas, são levadas em posição vertical para a eira, para evitar que se partam. A colheita é então debulhada com paus. Foram estudados os efeitos das práticas culturais - data de sementeira, quantidade de sementes, quantidade de fertilizante, controlo de ervas daninhas e variedades melhoradas - no rendimento das sementes no Níger. Na Etiópia, o estádio de desenvolvimento da planta no momento da colheita e a variedade plantada foram considerados factores importantes que contribuem para um elevado rendimento das sementes. Na Índia, a fertilização e a variedade contribuíram com 68% e 51% do aumento do rendimento, respetivamente (Sharma 1990a). A introdução de tecnologias melhoradas aumentou a produção de sementes no Níger em 40%.

## 2.7. Reprodução

A produção de níger na Etiópia baseia-se principalmente em populações locais de raças locais. Quatro variedades melhoradas - Sendafa, Fogera-1, Esete-1 e Kuyu -

foram aprovadas pelo Instituto Etíope de Investigação Agrícola, Centro de Investigação de Holetta, Adis Abeba (EIAR 1966-94). As sementes destas variedades foram distribuídas aos agricultores através do centro de investigação e do pessoal de extensão. Na Índia, o programa de melhoramento e a produção de sementes de variedades nigerianas são muito mais extensos do que na Etiópia. Existem 11 variedades melhoradas do Níger, das quais a N-5 foi lançada em 1934 (Joshi, 1990).

### 2.7.1 . Objectivos da criação

Para competir com outras sementes oleaginosas, o rendimento das sementes do Níger tem de ser significativamente melhorado. Para atingir este objetivo, é necessário desenvolver variedades anãs de cabeça única com maturidade uniforme, reduzindo assim as perdas por dispersão. A coleção de germoplasma da Etiópia contém plantas de crescimento curto que podem ser utilizadas para 19

o desenvolvimento de variedades anãs. Existe também variação genética no número de cabeças por planta, que poderia ser usada em programas de melhoramento para selecionar tipos de cabeça única. O material do Níger de altura normal atualmente em uso tem muitas folhas e um baixo índice de colheita (Belayneh 1986). Uma redução na altura da planta reduziria o número de folhas por planta e levaria a um melhor índice de colheita. Plantas mais curtas seriam capazes de utilizar o fertilizante mais eficientemente, aumentando assim a produção de sementes através da aplicação de fertilizante. Os tipos padrão do Níger respondem à aplicação de fertilizantes aumentando o crescimento vegetativo, o que favorece o armazenamento das plantas e reduz, em vez de aumentar, o rendimento das sementes. O segundo objetivo mais importante do melhoramento das variedades do Níger é aumentar o teor de óleo das sementes. Existe uma grande variabilidade genética para o teor de óleo nas colecções de germoplasma da Etiópia e da Índia, que poderia ser utilizada num programa de melhoramento para aumentar significativamente o teor de óleo (Getinet e Teklewold 1995). Um aumento do teor de óleo de 5 pontos percentuais parece viável.

### 2.7.2 Método de cultivo

Um programa de melhoramento genético do Níger deve basear-se no seu comportamento de polinização. Devido à sua auto-incompatibilidade, os métodos de seleção utilizados para melhorar as plantas de polinização cruzada são os métodos de escolha para o melhoramento do Níger (Doggett 1987). O método padrão de melhoramento para plantas de polinização cruzada é a seleção recorrente, como descrito nos manuais padrão de melhoramento de plantas (Allard 1960). As variedades resultantes são variedades populacionais de polinização aberta. A seleção em massa é um instrumento eficaz para melhorar as plantas cultivadas. No Níger, esta técnica foi utilizada com sucesso para desenvolver uma variedade de "Planta Curta" precoce a meio precoce. A variedade resultante (Kuyu) amadurecia 9 dias mais cedo, era 10 cm mais baixa em altura e significativamente mais produtiva do que as variedades padrão do Níger. O comportamento de polinização do Níger é semelhante ao dos girassóis. Este facto faz do Níger um excelente candidato para o desenvolvimento de variedades híbridas. A identificação da esterilidade masculina genética na Índia (Trivedi e Sinha 1986) e mais recentemente na Etiópia (Teklewold, 1995) abriu o caminho para a utilização da heterose no Níger. Seis

Os híbridos baseados na esterilidade masculina genética, os seus progenitores, bem como as variedades de controlo locais e as variedades nacionais, foram testados na Índia quanto à sua produção de sementes (Singh e Trivedi
1993). Os híbridos mostraram uma heterose de 10-30% para a produção de sementes em comparação com o melhor progenitor e 15-55% em comparação com o progenitor médio. No que diz respeito ao teor de óleo, não foi observada heterose, exceto para uma combinação híbrida.
Um pré-requisito para a criação de híbridos é a disponibilidade de germoplasma erótico geneticamente diverso. Pensa-se que o germoplasma etíope e o germoplasma indiano do Níger são geneticamente muito diferentes e podem apresentar um elevado nível de heterose na produção de sementes.
Uma avaliação preliminar do Níger indiano no centro de investigação de Holetta, na Etiópia, mostrou que os genótipos indianos cultivados na Etiópia amadureceram em 74 dias, em comparação com 150 dias para as variedades etíopes padrão. As variedades indianas também tinham um peso de sementes mais elevado do que as variedades etíopes (Riley e Belayneh 1989). O Níger sofre de um certo número de insectos e doenças fúngicas. Com a disseminação de variedades modernas, produtivas e geneticamente homogéneas, a ameaça de doenças aumentará, pelo que deve ser dada

maior importância à criação de resistência a doenças. As espécies selvagens do género *Guizotia* poderiam servir como fonte de genes de resistência a doenças, que poderiam ser introduzidos nas espécies cultivadas por cruzamento interespecífico.

### 2.7.3 Biotecnologia

Simmonds e Keller (1986) desenvolveram protocolos para a regeneração de plantas no Níger a partir de tecido foliar. Os esforços para desenvolver dihaploides a partir da cultura de ovos não tiveram êxito. Nos últimos dez anos, as técnicas modernas de cultura de tecidos vegetais, a tecnologia dos duplos haplóides e a transformação têm sido cada vez mais utilizadas pelos criadores para melhorar as plantas cultivadas. Na Índia, foram desenvolvidos protocolos para regenerar plantas a partir de tecidos do hipocótilo e do cotilédone e de plântulas do Níger (Sarvesh *et al.* 1993a, 1994b). A regeneração das plantas dependia do genótipo e da composição dos meios utilizados. Se o niger for suscetível à infeção *por Agrobacterium* tumefaciens, é um bom candidato para a transferência de genes dentro da família Compositae. Plantas di-haplóides de niger foram produzidas por cultura de anteras (Sarvesh *et al* 1993b, 1994a). Linhas auto-compatíveis, plantas anãs e plantas monocéfalas duplamente haplóides foram obtidas na Índia a partir de cultura de anteras de niger.

Os di-haplóides obtidos a partir de anteras e micrósporos podem ser utilizados num curto espaço de tempo para desenvolver tipos de mutação homozigótica e linhas consanguíneas. A técnica de cultura de micrósporos permite obter traços marcadores recessivos fáceis de transmitir e identificar, importantes para a produção de sementes do Níger, a fim de garantir a pureza genética das variedades.

## 2. 8 Restrições ao cultivo

O Níger tem um índice de colheita extremamente baixo (Belayneh 1986), e os factores de produção como os fertilizantes encorajam o crescimento vegetativo em vez de aumentar a produção de sementes. O Níger tem uma forma de crescimento indeterminada. O acamamento e o estilhaçamento são as duas principais causas da baixa produção de sementes. A auto-incompatibilidade do Níger torna muito difícil o desenvolvimento e a manutenção de linhas consanguíneas. A incompatibilidade do Níger torna mais difícil o trabalho de seleção. No entanto, a aplicação de técnicas de melhoramento populacional deveria conduzir a um aumento genético constante, e os tipos auto-incompatíveis de Holetta poderiam ser utilizados para criar populações sintéticas de elevado rendimento ou, eventualmente, híbridos.

O acasalamento Bb pode ser utilizado para desenvolver tipos consanguíneos. É por isso que a capacidade de auto-polinização é importante (tipos auto-compatíveis). Foram registados ataques de insectos às flores do Níger tanto na Etiópia como na Índia, reduzindo grandemente a produção de sementes. A mosca do Níger é uma praga grave de insectos que se alimenta das cabeças das flores, prejudicando a formação de sementes e a polinização (Schmutterer 1971; Jakhmola 1981). Um outro inseto a ser levado a sério, que se alimenta das cabeças das flores e assim reduz a produção de sementes na Etiópia, é o escaravelho preto do pólen. A maioria das principais pragas de insectos do Níger conhecidas na Etiópia ainda não foram identificadas. O Níger tem menos doenças do que outras sementes oleaginosas. Contudo, à medida que se distribuem variedades modernas aos agricultores, doenças como a podridão do caule e das folhas do Níger podem constituir um problema. Na Índia, as doenças transmitidas pelas sementes, como *Aspergillus niger*, *A. flavus, Penicillium* sp., *Alternaria alternata*, *Rhizoctonia solani* e *R. bataticola,* podem constituir um problema.

Nas províncias produtoras de Níger da Etiópia, nomeadamente Gojam, Gonder, Shoa e Wellega, a cuscuta tornou-se um problema muito grave.

Existem problemas semelhantes no estado indiano de Orissa. *A Orobanche minor* também tem sido um problema na Etiópia, mas não foram registados danos graves. As sementes do Níger têm um elevado teor de fibras, e os trituradores e transformadores referiram que a sua taxa de extração de óleo é inferior à de outras sementes oleaginosas.

Embora não se conheça a presença de factores tóxicos ou antinutricionais na farinha de Níger, foi relatado na Etiópia que os animais alimentados com farinha de Níger ganham menos peso do que os alimentados com farinha de outras oleaginosas. Devem ser incentivados programas de cooperação entre a Etiópia e a Índia. O programa de investigação etíope sobre o Níger sofre de falta de recursos.

## 2. 9. perspectivas

O Níger é uma boa cultura precedente para cereais, leguminosas e oleaginosas, uma vez que as culturas que se seguem ao Níger são menos propensas a infestantes. Cresce em solos argilosos pesados na Etiópia, geralmente após uma ou duas lavouras e sem fertilizantes ou herbicidas. Tem menos doenças e pragas do que outras sementes oleaginosas. Devido à sua associação com micorrizas e ao seu potencial como biofertilizante, dá um contributo importante para a conservação e recuperação dos solos. O óleo extraído das sementes contém uma elevada proporção de ácido linoleico, um ácido gordo essencial para os animais monogástricos, incluindo o homem. A farinha que resta após a extração do óleo é um excelente alimento para os animais. A tecnologia de extração do óleo de sementes de niger está bem estabelecida e tanto o óleo como a farinha são amplamente reconhecidos. O óleo e as sementes estão completamente isentos de substâncias tóxicas. O potencial de melhoria dos rendimentos através do melhoramento vegetal é muito bom, nomeadamente tendo em conta a variabilidade genética existente.

Os métodos biotecnológicos desenvolvidos para o Níger poderiam contribuir para acelerar os programas de melhoramento genético do Níger.

## 2.10. Necessidade de investigação

Os actuais acessos do Níger no Instituto de Biodiversidade foram recolhidos em zonas relativamente seguras do país, acessíveis a partir das estradas principais. Serão necessárias recolhas de germoplasma em aldeias e zonas remotas (Tadesse, pers. comm.). A Etiópia não tem um governo pacífico desde o final da década de 1960.

As regiões contestadas de Welkayit Tsegedey e Metema são conhecidas como zonas de produção de níger. As zonas de Gonder e Wello, que ainda não foram abrangidas por missões de recolha, devem ser utilizadas prioritariamente para o "abat" niger. Os primeiros tipos de "bungne" podem também ser colhidos no Tigre e na Eritreia. O germoplasma do Níger parece ter sido recolhido apenas na Etiópia e na Índia; não há informações sobre a recolha de germoplasma noutros países. As variedades autóctones do Níger na Etiópia, na Índia e possivelmente noutros países foram dispersas geograficamente.

isoladas durante muito tempo e podem, por conseguinte, ser portadoras de um certo número de genes valiosos. Devem ser efectuadas recolhas de germoplasma noutros países, como o Uganda e o Zimbabué. A recolha de germoplasma deve também incluir parentes selvagens do género *Guizotia.*

A caraterização e a avaliaçao do germoplasma devem ser normalizadas e devem ser desenvolvidos descritores. O valioso germoplasma, em particular o património genético etíope, não foi caracterizado em nenhum ambiente e requer uma caraterização e avaliação exaustivas. Estas avaliações do germoplasma conduziriam à identificação de germoplasma valioso com elevado teor de óleo e elevado rendimento de sementes, bem como de linhas macho-estéreis e anãs. A documentação do germoplasma é tão importante como a caraterização. Para além da prática atual, a documentação do germoplasma disponível exige um sistema de código de barras com computadores de secretária, semelhante ao utilizado pelas grandes empresas de melhoramento vegetal. O intercâmbio de germoplasma entre a Etiópia e a Índia, que já é uma questão sensível, deve ser investigado. No entanto, o material indiano precoce é demasiado cedo para tirar partido dos longos períodos de crescimento da Etiópia. É por isso que as linhas de elite, como as linhas macho-estéreis e as linhas anãs, devem ser utilizadas na Etiópia em vez de acessos. Existem diferenças genéticas notáveis entre o Níger etíope e o Níger indiano.

Estas diferenças poderiam ser estudadas utilizando isozimas e marcadores moleculares. Seria interessante estudar qual o ecótipo do Níger que migrou para a Índia. A variação entre os ecótipos "abat", "bungne" e "mesno" do Níger poderia ser diferenciada utilizando marcadores isozimáticos e moleculares.
Todas as espécies do género *Guizotia* são diplóides com um número de cromossomas de *2n=30*. A especiação dentro do género *Guizotia* não se deve a alterações no número de cromossomas (Hiremath et Murthy 1992). As quatro espécies *G. abyssinica*, *G. scabra* subsp. *scabra*, *G. villosa* e *G. scabra* subsp. *schimperi* são
não estão isoladas em termos reprodutivos (Dagne 1994a), pelo que seria fácil obter híbridos entre estas espécies. Seria muito importante estudar a ascendência do niger utilizando isozimas e marcadores moleculares como o ADN polimórfico amplificado aleatoriamente. Uma comparação dos modelos de ADN cloroplástico e mitocondrial poderia ser utilizada para estudar o antepassado do niger. A solução para o problema da filogenia das espécies poderia ser encontrada através de técnicas moleculares. É frequentemente referido que o niger tem uma ligação alopática e micorrízica. Será interessante identificar a substância associada ao efeito supressor de ervas daninhas do niger. É muito importante continuar a estudar a associação micorrízica no Níger. Devem ser estudados genótipos eficazes e a possibilidade de utilizar biofertilizantes.

# CAPÍTULO TRÊS

## 3 Objetivo e finalidade

### 3.2.1 Objetivo do estudo

O objetivo deste estudo foi determinar a diversidade genética do Níger utilizando marcadores SSR derivados de EST e fornecer informações de reprodução para uma produção melhorada e aperfeiçoada do Níger. Serão intensificados os esforços para combater o problema da produção de sementes oleaginosas do Níger observado na Etiópia. Para além da óbvia escassez de óleo e do consequente problema alimentar, a cadeia de valor ameaçada tem um forte impacto negativo na vida da população em geral. Com base na prioridade nacional do governo etíope, o niger e o linho foram escolhidos como sementes oleaginosas para melhorar a cadeia de valor do óleo comestível (Lefebvre, 2012). Este estudo tem como objetivo avaliar a diversidade do Níger para aumentar a produção de matérias-primas, centrando-se nos pequenos agricultores etíopes, que são responsáveis por mais de 90% da produção agrícola do país (CSA, 2010).

O objetivo do presente estudo é, portanto

a) Estudo da relação genética entre as variedades nigerianas utilizando marcadores moleculares e as variedades de sementes nigerianas e a sua interação.

b) Compreender a semelhança genética entre variedades de niger através de marcadores moleculares.

c) Estudar as possibilidades de melhorar a produção no Níger através do apoio à pecuária convencional no Níger.

### 3.3 . Objetivo do estudo

Com base no objetivo do estudo acima referido, que decorre dos problemas predominantes na Etiópia, foram definidos os seguintes objectivos gerais

Realização de análises de diversidade com vista a uma possível melhoria do rendimento das sementes de Níger t Informação de apoio à seleção. Estudar a relação genética entre as variedades de Níger.

Caracterização molecular de várias cultivares e culturas do Níger

Estudo da diversidade genética das plantas no Níger.

Demonstração experimental da distância genética entre acessos no Níger.

Os objectivos específicos eram os seguintes

Comparação do ecótipo etíope das culturas do Níger com espécies de outros países.

Traçar as origens evolutivas e apresentar as relações filogenéticas das variedades de niger.

Caracterização da região microssatélite das culturas no Níger.

# QUARTO CAPÍTULO

## 4. Materiais e métodos

O material e os métodos pormenorizados utilizados para avaliar a diversidade genética de 65 germoplasmas do Níger utilizando 11 marcadores EST-SSR são claramente descritos a seguir.

### 4.1 Colheita de plasma germinativo/área de estudo

Neste estudo, 65 acessos do Níger foram recolhidos em diferentes zonas agro-ecológicas da Etiópia (Quadro 1). Os locais das zonas de amostragem foram selecionados sistematicamente. A maioria das amostras foi recolhida em Gondar Norte, Gondar Sul, Gojjam Oeste, Gojjam Este, Showa Oeste e Showa Norte, Wello Sul, Bale, Warega Oeste, Warega Este, Awi e Harergia Oeste (Quadro 1).

### 4.2 Seleção de marcadores

A escolha dos marcadores não é uniforme em termos de custo, tempo, hereditariedade dos marcadores, quantidade de ADN necessária, complexidade técnica e grau de polimorfismo, exatidão da estimativa da distância genética e poder estatístico dos testes. Os SSR continuam a ser os marcadores preferidos para a avaliação da diversidade genética, a cartografia genética e a seleção assistida por marcadores de caraterísticas importantes, porque os SSR são multialélicos, facilmente detectados por PCR, abundantemente distribuídos no genoma e transmitidos de forma codominante (Gupta, 2000), pelo que um determinado número e comprimento de SSR é suscetível de refletir a história evolutiva de uma dada espécie e dos seus parentes. Os marcadores SSR derivados de EST têm uma taxa de transmissão mais elevada entre espécies e géneros relacionados do que os SSR genómicos anónimos (Guo *et al.*, 2006, Mishra *et al.*, 2012) e são, por conseguinte, preferíveis para estudos filogenéticos e mapeamento de QTL. No presente estudo, os marcadores SSR são selecionados com base nas propriedades promissoras acima mencionadas. Os marcadores utilizados neste estudo são descritos no quadro seguinte.

### 4.3 Preparação da amostra

O material vegetal recolhido foi cultivado numa estufa durante quinze dias. Para a extração de ADN, foi selecionado material foliar jovem e fresco de três a cinco números de folhas. As folhas para extração de ADN foram retiradas de plântulas jovens. As amostras de folhas foram retiradas da parte superior, uma vez que estas são as zonas activas onde ocorre a mitose. Qualquer sujidade, fungos ou outras impurezas na superfície do material foliar foram removidos com etanol a 70%.

#### 4.3.1 Extração de ADN

Após dez dias de recolha, o ADN foi extraído de cada folha fresca e seco utilizando o método CTAB modificado (Doyle e Doyle, 1990). A folha seca foi triturada utilizando o moinho Geno Grinder (MM-200, Retsch). Utilizando estes métodos, as células foram fraccionadas e o ADN extraído. A presença de material genético foi verificada através da passagem de misturas de 5u L de gDNA e 3|iL de corante de carga 6X contendo vermelho gelificado num gel de agarose a 0,8% durante 30 minutos a 100 volts em tampão 1xTAE, utilizando o aparelho de eletroforese Junyl. A presença ou ausência de ADN genómico extraído foi verificada utilizando um transiluminador (aparelho de bancada 3uv, transiluminador M-20). A quantidade e a pureza do ADN foram confirmadas por meio de um espetrofotómetro de nano-droga (ND-8000, Thermoscitnific). A quantidade purificada foi utilizada para determinar a concentração correta de ADN para utilização subsequente. O ADN foi armazenado no frigorífico até à sua utilização seguinte. O ADN extraído de diferentes amostras foi cuidadosamente codificado. Para traçar a origem evolutiva da *Guzoita abyssinica*, foram incluídas amostras de ADN de organelos autónomos, do núcleo e do cloroplasto.

#### 4.3.2 Reação em cadeia da polimerase e deteção de marcadores

Os primers (Tabela 2) foram retirados de um artigo publicado (*Dempewolf et al*, 2010a). Foram encomendados e adquiridos a empresas. A região SSR foi amplificada num Mastercycler (Pros, Eppendorf) utilizando condições de PCR e misturas de reação adequadas. Foi utilizada uma placa de PCR de 96 poços adequada com uma mistura de reação apropriada. Foram propostas técnicas de PCR tátil com um programa de 94 °C durante 4 minutos, 94 °C durante 45 s, 60 °C a 55 °C durante 1 minuto e 72 °C durante 1 minuto e 30 s para 9 ciclos e 94 °C durante 45 s, 55 °C durante 1 minuto e 72 °C durante 1 minuto e 30 s para 26 ciclos e, finalmente, 72 °C durante 5 minutos de extensão final para todos os marcadores EST-SSR utilizados (Cubry *et al.*, 2008). O volume total da reação e o volume de cada reagente, incluindo o volume de Taq DNA polimerase, foram determinados com base na mistura de reação de PCR mais promissora utilizada no artigo (Cubry *et al.*, 2008).

### 4.3.3 Eletroforese em gel

A presença ou ausência de ADN genómico e de produtos de PCR foi analisada por eletroforese em gel. As sequências de repetição simples foram analisadas por eletroforese em gel de poliacrilamida para calcular o tamanho e o número de alelos (Wang *et al.*, 2009). A precisão da experiência PCR foi verificada e o rendimento do produto PCR foi corretamente quantificado num gel de agarose a 1,2%. Foi utilizado um gel de poliacrilamida a 40% (29:1, solução de acrilamida:bis-acrilamida) para contar os alelos e visualizar os padrões SSR no genoma de todas as variedades, utilizando um aparelho de eletroforese vertical (Cleaver, CS500 volt).

## 4.4 Pontuação e análise de dados

Os produtos de PCR amplificados claros e visíveis foram classificados de acordo com a sua presença (1) e ausência (0), e os dados foram analisados utilizando vários pacotes de software estatístico e de bioinformática. Foi criado um dendrograma utilizando o software Darwin 6.0 (Perrier *et al.*, 2003; 2006). Foi criado um dendrograma utilizando a ligação de vizinhança (NJ) implementada no mesmo software. O número de alelos, a diversidade genética e o conteúdo de informação de polimorfismo (PIC) foram calculados utilizando o Power Marker V3.25 (Liu e Muse, 2005). A heterozigotia observada foi calculada utilizando o Arlequin V3.1 e o número de alelos privados foi calculado utilizando o GenAlEx 6.41.

# CAPÍTULO CINCO

## 5. RESULTADOS

### 5.1 Produtos melhorados pelas estatísticas SSR e PIC

Neste estudo, as relações genéticas de 65 plantas de germoplasma do Níger foram analisadas utilizando 11 Expressed Sequence Tagged-derived Simple Sequence Repeats (EST-SSRs). Foram extraídos 19 marcadores SSR de trabalhos publicados (*Dempewolf et al.*, 2010a) e selecionados 11 deles que eram polimórficos com bandas compreensíveis e fixas para as estatísticas dos 65 germoplasmas e produziram 66 contagens totais de alelos com uma média de 9 alelos por locus. O locus GA037 apresentou a maior frequência alélica, diversidade genética e IPC. Em contrapartida, o locus GA003 apresentou menor frequência alélica, diversidade genética, heterozigotia e CIP (Quadro 3).

### 5.2 Dendrograma criado com marcadores EST- SSR

Com base na matriz de dissimilaridade, todos os acessos foram divididos em três grupos principais e seis subgrupos. Os valores mínimo e máximo de dissimilaridade para os acessos analisados foram, respetivamente, 0,056 e 0,75. A árvore filogenética foi elaborada utilizando os coeficientes de Jaccard (Figura 1). O dendrograma foi representado por três cores diferentes para indicar a localização das principais zonas de cultivo do Níger na Etiópia.

# CAPÍTULO SEIS

## 6. DISCUSSÃO

Todos os 11 marcadores EST-SSR utilizados neste estudo são polimórficos (100%). Gupta *et al* (2003) verificaram que apenas 55% dos 20 marcadores EST-SSR utilizados eram polimórficos em 52 variedades de trigo. Eujayl *et al* (2002) registaram um polimorfismo inferior (25%) para 42 marcadores EST-SSR testados em 64 linhas de germoplasma de trigo duro. Isto mostra claramente que a percentagem de polimorfismo depende do número e do tipo de material utilizado para análise.

No presente estudo, a análise de dados foi efectuada com 11 marcadores EST SSR de acordo com o modelo SMM, que assume que cada mutação (inserção e deleção) produz um novo alelo. Um modelo semelhante de avaliação de alelos foi observado para marcadores genómicos SSR em Folkertsma *et al.* (2005).

No total, 11 marçadores EST-SSR produziram 66 alelos com uma média de 9 alelos por locus (Quadro 3). Este é o número mais elevado de alelos por marcador alguma vez observado em cereais com marcadores EST-SSR. Foi registada uma média de 2,78 alelos/marcador para a festuca alta (Saha *et al.*, 2004), enquanto que 1,8 alelos/marcador foi registado para o trigo panificável (Gupta *et al,* 2003) com 20 EST-SSRs, 4,5 alelos/marcadores no trigo duro com 42 EST-SSRs (Eujayl *et al.*, 2002), 3 alelos/marcadores em 54 acessos de cevada com 38 marcadores EST-SSR (Thiel *et al.*, 2003) e 4,6 alelos/marcadores em espécies de Crotalaria (Wang *et al.,* 2006). Em comparação com os resultados obtidos com SSRs genómicos neutros, o número médio de alelos por marcador encontrado neste estudo é comparável ao encontrado em colecções nucleares de tamanho limitado (Caniato *et al.,* 2007) ou em estudos geograficamente limitados (por exemplo, Barnaud *et al.,* 2007, Deu *et al.,* 2008), mas é inferior ao obtido com o mesmo material (Billot *et al.,* 2013).

Os valores PIC dos marcadores podem fornecer uma estimativa do poder discriminatório numa série de acessos, tendo em conta não só o número de alelos, mas também as frequências relativas de cada alelo (Smith *et al.,* 2000). O valor PIC médio dos marcadores EST-SSR (0,3308) foi ligeiramente mais elevado neste conjunto de referência do Níger do que em estudos anteriores em que os marcadores EST-SSR foram utilizados para analisar a diversidade genética noutras culturas,

z. Por exemplo, 0,443 para o trigo panificável (Gupta *et al*., 2003), 0,45 para a cevada (Thiel *et al.,* 2003). No entanto, o valor médio de PIC foi inferior aos valores de PIC para marcadores genómicos SSR em sorgo [0,62 nos dois estudos de Agrama e Tuinsta (2003) e Caniato *et al.* (2007)]. No entanto, este valor é superior ao valor PIC indicado por Folkertsma *et al* (2005), utilizando 100 acessos da Guiné e 21 marcadores genómicos SSR, e por Ali *et al* (2008), utilizando 72 acessos de sorgo e 41 marcadores SSR. Este resultado é comparável ao PIC (0,54) obtido por Wang *et al.* (2009) num estudo que utilizou 96 variedades de sorgo doce e 95 SSR. Os valores elevados de PIC e um grande número de alelos por marcador podem também ser atribuídos à natureza do material nigeriano estudado. Os marcadores SSR que contêm repetições de dinucleótidos geraram mais alelos e, por conseguinte, valores PIC mais elevados (Quadro 3). Estes resultados estão de acordo com estudos anteriores efectuados por Smith *et al.* (2000), Agrama e Tuinstra (2003), Casa *et al.* (2005) e Deu *et al.*

# CAPÍTULO SETE

## 7. Conclusões

A análise da diversidade genética com genotipagem adequada utilizando marcadores EST-SSR ajudará os criadores a encontrar alelos específicos de caraterísticas e facilitará um método eficiente de identificação de genes para diferentes caraterísticas agronómicas. O presente estudo mostrou a presença de uma variação considerável entre os genótipos no Níger. A presença desta variação considerável entre os genótipos do Níger é muito promissora como progenitor para obter uma expressão heterótica promissora em F1 e pode levar a uma variabilidade considerável nas populações segregantes.

## 8. Referência

1 . Abebe, M. 1975: Ecofisiologia do noug (*Guizotia abyssinica* Cass). Tese de doutoramento. Universidade da Califórnia, Riverside.

2 . Agrama HA, Tuinstra MR (2003). Diversidade filogenética e relações entre acessos de sorgo utilizando SSR e RAPD. Afr J. Biotechnol. 10:334340.

3 . Alemayehu Teresa Negawo (2007). Diversidade genética das colecções *de Coffea arabica L.* utilizando marcadores de microssatélites (SSRs). EJAST. 1(1) : 63-79.

4 . Ali ML, Rajewski JF, Baenziger PS, Gill KS, Eskridge KM, Dweikat L (2008).

5 . Avaliação da diversidade genética e da relação de parentesco entre uma coleção de germoplasma de sorgo doce americano através de marcadores SSR. Mol. Breeding . 21:497-509. Allard, R.W. 1960. Fundamentals of plant breeding. John Wiley & Sons.

6 . Baag0e, J. 1974. O género *Guizotia* (Compositae). Uma revisão taxonómica. Bot. Tidsskrift 69:1-39.

7 . Barnaud A, Deu M, Garine E, McKey D, Joly H (2007). Diversidade genética local do sorgo numa aldeia do norte dos Camarões: estrutura e dinâmica das raças locais. Theor Theory Appl Genet 114:237-248.

8 . Belayneh, H. 1986, Source-sink study on niger. Oil Crops Newsl. 3 : 63-65.

9 . Belayneh, H. 1991, Oilcrop germplasm: A vital resource for the plant breeder. Pp.344- 354 in Plant Genetic Resources of Ethiopia (J.M.M. Engels, J.G. Hawkes e M. Worede, eds.). Cambridge University Press, Cambridge.

10 Billot C, Ramu P, Bouchet S, Chantereau J, Deu M, Gardes L, Noyer JL, Rami JF, Rivallan R, Li Y, Lu P, Wang T, Folkertsma RT, Arnaud E, Upadhyaya HD, Glaszmann JC, Hash CT (2013). Coleção maciça de sorgo genotipada com

marcadores SSR para melhorar a utilização dos recursos genéticos globais. PLoS ONE. 8:e59714.

11 Boardman SJ (1999). A fundação agrícola do império Aksumite, Etiópia.*Plants and People in Africa. Recent Archaeobotanical Evidence*. Nova Iorque. Plenum Publishing Corp. pp.137-147.

12 Boardman S.J. (2000). Archaeobotany. *Archaeology at Aksum, Ethiopia, 1993-7* (ed D.W. Phillipson). Instituto Britânico na África Oriental e Sociedade de Antiquários, Londres. pp. 363-368

13 Bulcha Weyessa, Misteru Tesfaye, Nigussie Alemayehu, Adunga Wakjira, Million Fikresilassie, Adefris Teklewold (2005). Panorama da investigação genética e de melhoramento do noug (*Guzoita abyssinic (L.f) Cass.*) de 1999 a 2003. Centro de Investigação Agrícola de Holetta. Programa de melhoramento das culturas oleaginosas das terras altas.

14 . Caniato FF, Guimaraes CT, Schaffert RE, Alves VM, Kochian LV, Borem A, Klein PE, Magalhaes JV (2007). Diversidade genética para tolerância ao alumínio em sorgo. Teoria Aplicada à Genética. Pp.114.

15 Casa AM, Mitchell SE, Hamblin MT, Sun H, Bowers JE, Paterson AH, Aquadro CF, Kresovich S (2005). Diversidade e seleção no sorgo: análises simultâneas utilizando sequências de repetição simples. Theor Appl Genet. 111:2330:863-876.

16 Chavan, V.M. 1961. Niger and safflower. Comité Central das Oleaginosas da Índia, Hyderabad.

17 Cubry Philippe, Musoli Pascal, Legnate Hyacinte, Pot David, De Bellis Fabien, Poncet Valerie, Anthony Francois, Dufour Magali, Leroy Thierry (2008). Diversidade do café avaliada por marcadores SSR: estrutura do género *Coffea* e

perspectivas de melhoramento. Genoma. **51** : 50 - 63.

18 Dagne, K. 1994a. Meiose em híbridos interespecíficos e ligação do genoma em *Guizotia* Cass (Compositae). Hereditas 121:119- 129.Dagne, K. 1994b. Citologia, filogenia e qualidade do óleo de *Guizotia* Cass (Compositae). Tese de doutoramento. Universidade de Addis Abeba.

19 Dagne, K. e W. Heneen. 1992. Cariótipo e nucléolos de *Guizotia abyssinica* (Compositae). Hereditas 117:73-83.

20 . Dempewolf H, Nolan C, Katherin L, Mulatu G, Mickale S, ZHAO L, Megan L, Endeshaw B, Johansen M, Quantin C, Lorin H (2010a). Estabelecimento de uma ferramenta genómica e de um recurso para Guzotia abyssinica (L.f) 36

Cass, desenvolvimento de uma biblioteca de etiquetas de sequências expressas, loci de microssatélites e sequenciação do seu genoma cloroplástico. Mol Ecol Resour. 10:10461058.

21 Deu M, Sagnard F, Chantereau J, Calatayud C, Herault D, Mariac C, Pham J-L, Vigouroux Y, Kapran I, Traore PS, Mamadou A, Gerard B, Ndjeunga J, Bezancon G (2008). Avaliação da diversidade genética in situ do sorgo à escala do Níger utilizando marcadores de microssatélites. Theor Appl Genet. 116:903-913. Doggett, H. (1987). Metodologia de investigação do Níger/Noug. P. 210-219 *in* Oil Crops: Niger and Rapeseed/Mustard. Actas do Terceiro Workshop da Rede de Culturas Oleaginosas realizado em Adis Abeba, Etiópia, 6-10 de outubro (A. Omran, ed.). IDRC-MR153e. Doggett, H. 1987. Methodology of research on the Niger/Noug. P. 210-219 in Oil Crops: Niger and Rapeseed/Mustard. Actas do Terceiro Workshop da Rede de Culturas Oleaginosas realizado em Adis Abeba, Etiópia, 6-10 de outubro (A. Omran, ed.). IDRC-MR153e.

22 Doyle JJ, Doyle JL (1990). Isolamento de ADN de plantas a partir de tecido fresco. Focus on DNA. 12:13-15.

23 . Eklund, A. 1971b. Avaliação biológica da qualidade proteica e da segurança de um concentrado de lipoproteínas de sementes de niger (*Guizotia abyssinica* Cass). Ata Physiol Scand. 82:229235.

24 Eujayl I, Sorrells ME, Wolters P, Baum M, Powell W (2002). Isolamento de marcadores de microssatélites derivados de EST para genotipagem dos genomas A e B do trigo. Theor Appl Genet. 104:399-407.

25 . Folkertsma RT, Rattunde FH, Chandra S, Soma Raju W, Hash CT (2005). O padrão de diversidade genética das variedades autóctones do sorgo guineense Sorghum bicolor (L.) Moench representado por marcadores SSR. Theor Appl Genet. 111:399-409.

26 Geleta Mulatu, Bryngelsson Tomas, Bekele Endashaw, Dagne Kifle (2007). Diversidade genética de *Guizoita abyssinica (L.f.)* Cass (Asteraceae) da Etiópia determinada por ADN polimórfico amplificado aleatório (RAPD). Genet Resour Crop Evol. **54** : 601 - 614.

27 Getinet A, Sharma SM (1996). Níger (Guizotia abyssinica) (L.f.) Cass. In: Promoting the conservation and utilization of underutilized and neglected crops. Roma, Itália. IPGRI. 5 : 59.

28 Getinet, A. e A. Teklewold. 1995. Uma avaliação agronómica e da qualidade das sementes do germoplasma de niger (*Guizotia abyssinica* Cass.) cultivado na Etiópia. Plant Breed. 114:375-376.

29 Guo W, Wang W, Zhou BA, Zhang T (2006). Transmissibilidade interespecífica de EST-SSRs derivados de Garboreum em espécies diplóides de Gossypium. Theor

Appl Genet. 112:1573-81.

30 Gupta PK, Rustgi S, Sharma S, Singh R, Kumar N, Balyan HS (2003). Transferable EST-SSR markers for studying polymorphism and genetic diversity in bread wheat. Mol. Gen. Genomics. 270:315-323.

31 Gupta PK, Varshney R (2000). The development and use of microsatellite markers for genetic analysis and plant breeding with emphasis on bread wheat. Euphytica. 113(3):163-85.

32 Hiremath, S.C. e H.N. Murthy. 1988 Domesticação do Níger (*Guizotia abyssinica*). Euphytica 37:225-228.

33 . Hiremath, S.C. e H.N. Murthy. 1992: Estudos citológicos sobre *Guizotia* (Asteraceae). Caryologia 45:69-82.

34 Conselho Indiano de Investigação Agrícola (ICAR). 1992 Níger: Um conjunto de práticas para aumentar a produção. Boletim de Extensão No. VII, Direção de Investigação de Sementes Oleaginosas, ICAR.

35 . Jakhmola, S.S. 1981. A mosca do grão do Níger, *Diozina sororcula* (Wiedemann), uma praga grave do Níger na Índia central. J. Bombay Natural History Soc. 80:439-440

36 Joshi, A.V. 1990. Produção atual, investigação e estratégias futuras para o Níger em Maharashtra. Pp. 171-175 in Proceedings of the three meetings held at Pantnagar and Hyderabad India, 4-7 January 1989 (A. Omran, ed.). IDRC-MR 252e.

37 Liu K., Muse SV (2005). PowerMarker: Um ambiente de análise integrado para dados de marcadores genéticos. Bioinformatics. 21(9):2128-2129.

38 Mishra RK, Gangadhar BH, Nookaraju A, Kumar S, Park SW (2012).

Desenvolvimento de marcadores SSR derivados de EST em ervilha (Pisum sativum) e sua utilidade potencial para mapeamento genético e transferibilidade. Plant Breed. 131:118-24. Mohanty, R.N. (1964). Ajuste de sementes do Níger sob controlo

condições ambientais. Indian Oilseeds J. 8:158.Murthy, H.N. 1990. Cytological study of *Guizotia bidentoides* Oliver et Hiern (*Bidens pinnatipartita* (Hoffm.) Wild). Cytologia 55: 27-29.

39 Murthy, H.N. 1990. Cytological examination of *Guizotia bidentoides* Oliver et Hiern *(Bidens pinnatipartita* (Hoffm.) Wild). Cytologia 55: 27-29.

40 . Murthy, H.N., S.C. Hiremath e A.N. Pyati. 1995. Classificação genómica em *Guizotia* (Asteraceae). Cytologia 60:67-73

41 . Murthy, H.N., S.C. Hiremath e S.S. Salimath. 1993. Origin, evolution and differentiation of the genome *in Guizotia abyssinica* and its wild species. Appl. Theor. Genet. 87:587592.

42 Naik, S.S. e B.S. Panda. 1968. Tempo de polinização do botão no aumento da fertilidade em *Guizotia abyssinica* (Cass), um niger auto incompatível. Indian J. Sci. & Indust. 2:177-180.

43 . Paliwal, D.K. e H.S. Randhawa. 1978. Avaliação de um meio de cultura simplificado *de Guizotia abyssinica* para diferenciação *de Cryptococcus neoformans*. J. Clinical Microbiol. 7:346348.

44 Patel, O.P., C.B. Singh, R.K. Mishra e V.K. Gour. 1983. karyological studies on *Guizotia abyssinica* Cass. Cytologia 48:221-230.

45 Patil, C.B. e B.B. Patil. 1981. Niger cultivation in Maharashtra. Indian Farming, Fev. 1981:13 14.

46 Patil, C.B. e B.P. Joshi. 1978. Niger yields can be doubled. Indian Farming 27:9 pressure in niger (*Guizotia abyssinica* Cass.). Madras Agric. J. 66:449 454.

47 Pejio I, Ajmone-Marsan P, Morgante M, Kozumplic V, Castiglione P, Taramino G, Motto M (1998). Análise comparativa da similaridade genética entre linhas de milho selecionadas por RFLPs, RAPDs, SSRs e AFLPs. Theor Appl Genet. 97:1248-1255.

48 Perrier X, Flori A, Bonnot F (2003). Métodos de análise de dados. In: Hamon P, Seguin M, Perrier X, Glaszmann JC (eds) Genetic diversity of cultivated tropical plants. Editions scientifiques, Montpellier, Inc. e CIRAD. Pp. 31-63.Perrier X, Jacquemoud-Collet JP (2006). Software DARwin.

49 .http://darwin.cirad.fr/darwin

50 . Petros Y, Merker A, Zeleke H (2007). Análise da diversidade genética de Guizotia abyssinica da Etiópia utilizando marcadores Inter Simple Sequence Repeat. *Hereditas.* **144**:18-24.

51 Prinz, K.D. 1976. Investigação sobre a ecofisiologia da semente de Níger (*Guizotia abyssinica*) de origem etíope e indiana. Tese de doutoramento. Ramachandran, T.K. e P. Menon. 1979. Pollination mechanisms and inbreeding de-Richharia, R.H. e W.J. Kalamkar. 1938. somatic and meitic chromosomes in *Guizotia abyssinica* Cass. Cytologia 9:249-253.

52 Riley, K.W. e H. Belayneh. 1989. Níger. Pp. 394-403 in Oil Crops of the World (G. Robbelen, R.K. Downey and A. Ashri, eds.). McGraw Hill Publishing Company, Nova Iorque.

53 . Roychoudhury, A. e L. Mandal. 1984. Utilização de bagaço de Níger (*Guizotia abyssinica*) sem óleo na ração de porcos de engorda. Indian Vet. J. 61:608-611.

54 Saha MC, Mian MAR, Eujayl I, Zwonitzer JC, Wang L, May GD (2004). Marcador EST-SSR para festuca alta com capacidade de transferência para várias espécies de gramíneas. Theor Appl Genet. 109:783-791.

55 Sarvesh, A., T.P. Reddy e P.B.K. Kishor. 1994b. Embriogénese somática e organogénese em *Guizotia abyssinica*. In Vitro Cell. Dev. Biol. 30:104- 107.

56 . Sarvesh, A., T.P. Reddy, e P.B.K. Kishor. 1994a. Variação androclonal em Níger (*Guizotia abyssinica* Cass). Euphytica 79:59-64.

57 . Schmutterer, H. 1971. Contribution à la connaissance de la faune des ravageurs des cultures en Ethiopie. Entomologie appliquée 67:371-389.

58 . Schultze-Motel, J. (ed.). 1986: Diretório de Rudolf Mansfeld Culturas agrícolas e hortícolas (exceto plantas ornamentais). Akademie-Verlag, Berlim.

59 Seegeler, C.J.P. 1983. Plantas oleaginosas na Etiópia. A sua taxonomia e importância agrícola. Centro de Publicações e Documentação Agrícola, PUDOC, Wageningen.

60 Sharma, S.M. 1990b. New potential areas of niger in India. Pp. 169170 in Proceedings of the three meetings held at Pantnagar and Hyderabad, India, 4-7 January 1989 (A. Omran, ed.). IDRC-MR 252e.

61 . Shrivastava, P.S. e K.P.S. Shomwanshi. 1974. Investigação sobre a extensão da polinização cruzada e técnicas de autofecundação e cruzamento em niger (*Guizotia abyssinica* Cass). JNKV Res. J. 8:110-112.

62 Simmonds, J. e W. Keller. 1986. Programa de haploidia de sementes oleaginosas (AG Canada/Network). P 220-224 in Proceedings of the three meetings held at Pantnagar and Hyderabad India, 4 7 January 1989. IDRC-MR 252e.

63 Sinha, S., S. Ram, e H.B.P. Trivedi. 1993: Estudos de auto-incompatibilidade em genótipos de niger (*Guizotia abyssinica* Cass.). Oilcrops Newsl. 10 : 74-75.

64 . Sinha, T.N., J.P. Srivastava, A.K. Verma e B.S. Gupta. 1983. Utilização do bagaço do Níger (*Guizotia abyssinica*) como suplemento de azoto em rações para vitelos em crescimento. Indian J. Anim. Sci. 53:887-889.

65 Smith JSC, Kresovich S, Hopkins MS, Mitchell SE, Dean RE, Woodman WL, Lee M, Porter K (2000). Diversidade genética entre linhas de sorgo de elite avaliadas com repetições de sequência simples. Aust.J. Crop Sci. 40:226-232.

66 Sujatha, M. 1993. Interações pólen-epi e controlo da auto-incompatibilidade no Níger (*Guizotia abyssinica* Cass). J. Oilseeds Res. 10: 334-336.

67 Thiel T, Michalek W, Varshney RK, Graner A (2003). Utilização de bases de dados de EST para o desenvolvimento e caraterização de marcadores SSR geneticamente derivados em cevada (Hordeum vulgare L.). Theor Appl Genet. 106:411-422.

68 Trivedi, H.B.P. e P.K. Sinha. 1986. gynomonoecism in niger. J. Oilseeds Res.3:93-94.

69 Wang Xinwang, Rinehart. A Timothy, Wadl, A Phillip, Spiers, M James, Denita Hadziabdic, Mark T. Windham, Robert N., Trigiano (2009). Uma nova técnica de eletroforese para a separação de alelos de microssatélites. Afr. J. Of Biotechnol. **8** (11):2432-2436.

70 Wang ML, Mosjidis JA, Morris JB, Dean RE, Jenkins TM, Paderson GA (2006). Genetic diversity of Talaria germplasm assessed by phylogenetic analysis of EST-SSR markers (Diversidade genética do germoplasma de Talaria avaliada por análise filogenética de marcadores EST-SSR). Genoma. 49:707-715.

71 Wang ML, Zhu C, Barkley NA, Chen Z, Erpelding JE, Murray SC, Tuinstra MR,

Tesso T, Pederson GA, Yu J (2009). Análise da diversidade genética e da estrutura populacional dos acessos da coleção histórica de sorgo dos EUA. Theor Appl Genet. 120:13-23.

72 Weiss, E.A. 1983, Oilseed Crops. Tropical Agriculture Series, Longman, Londres.

Yantasath, K. 1975. Influência do azoto no crescimento e na absorção de nutrientes por sementes de niger (*Guizotia abyssinica*) de origem etíope e indiana.

Tese de doutoramento da Universidade Georg-August, Göttingen, Alemanha.

## 9. lista de materiais adicionais

**Quadro -1 Lista das zonas geográficas de amostragem**

| | Acce. | Zone | Latitude | Longitude | Altitude |
|---|---|---|---|---|---|
| 1 | 241142 | MIRAB HARERGE | 08-52-33-N | 40-39-90-E | 1660 |
| 2 | 243793 | AGEW AWI | 11-19-00-N | 36-47-00-E | 1890 |
| 3 | 208391 | BAHIR DAR SPECIAL | 11-30-00-N | 37-18-0 -E | 1920 |
| 4 | 243789 | DEBUB GONDAR | 12-08-00-N | 37-50-00-E | 2135 |
| 5 | 208391 | BAHIR DAR SPECIAL | 11-30-00-N | 37-18-0 -E | 1920 |
| 6 | 243778 | SEMEN WELLO | 11-50-00-N | 39-32-00-E | 1835 |
| 7 | 243796 | AGEW AWI | 10-56-00-N | 36-36-00-E | 1835 |
| 8 | 208384 | DEBUB GONDAR | 12-00-00-N | 37-39-00-E | 1850 |
| 9 | 237518 | MEHAKELEGNAW | 14-10-00-N | 38-45-00-E | 2200 |
| 10 | 243772 | DEBUB WELLO | 11-24-00-N | 39-11-00-E | 2060 |
| 11 | 235781 | SEMEN GONDAR | 12-07-00-N | 37-01-00-E | 2080 |
| 12 | 238286 | MIRAB GOJAM | 10-09-00-N | 36-09-00-E | 2000 |
| 13 | 243784 | SEMEN GONDAR | 13-59-00-N | 37-47-00-E | 2555 |
| 14 | 208946 | MISRAK WELLEGA | 09-33-00-N | 37-12-00-E | 2450 |
| 15 | 215681 | DEBUB WELLO | 11-19-00-N | 39-44-00-E | 2050 |
| 16 | 238292 | SEMEN SHEWA | 10-01-00-N | 38-02-00-E | 2500 |
| 17 | 243775 | DEBUB WELLO | 11-29-00-N | 39-22-00-E | 2390 |
| 18 | 243785 | SEMEN GONDAR | 12-21-00-N | 37-31-00-E | 1920 |
| 19 | 208394 | AGEW AWI | 11-20-00-N | 37-00-00-E | 1950 |
| 20 | 243777 | DEBUB WELLO | 11-45-00-N | 39-41-00-E | 2020 |
| 21 | 237515 | MEHAKELEGNAW | 14-12-00-N | 38-56-00-E | 2010 |
| 22 | 208947 | MISRAK WELLEGA | 09-30-00-N | 37-03-00-E | 2470 |
| 23 | 243786 | SEMEN GONDAR | 12-21-00-N | 37-31-00-E | 1920 |
| 24 | 243791 | MIRAB GOJAM | 11-38-00-N | 37-20-00-E | 1870 |
| 25 | 243771 | DEBUB WELLO | 10-57-00-N | 39-47-00-E | 1780 |

| | | | | | |
|---|---|---|---|---|---|
| 26 | 243783 | SEMEN GONDAR | 13-02-00-N | 38-05-00-E | 1310 |
| 27 | 212492 | SEMEN SHEWA | 09-56-00-N | 38-54-00-E | 1610 |
| 28 | 243770 | DEBUB WELLO | 11-10-00-N | 39-54-00-E | 2070 |
| 29 | 235780 | SEMEN GONDAR | 12-02-00-N | 45-11-00-E | 1830 |
| 30 | 243773 | DEBUB WELLO | 11-20-00-N | 39-15-00-E | 2400 |
| 31 | 238291 | SEMEN SHEWA | 10-01-00-N | 38-02-00-E | 2490 |
| 32 | 15191 | AGEW AWI | 10-58-00-N | 36-33-00-E | 2080 |
| 33 | 15034 | MIRAB SHEWA | 09-01-00-N | 38-25-00-E | 2340 |
| 34 | 15059 | MIRAB SHEWA | 09-00-00-N | 38-17-00-E | 2140 |
| 35 | 238288 | MISRAK GOJAM | 10-02-00-N | 37-09-00-E | 2180 |
| 36 | 229989 | BALE | 06-36-00-N | 39-35-00-E | 1430 |
| 37 | 15136 | MIRAB SHEWA | 10-05-00-N | 39-00-00-E | 1800 |
| 38 | 15135 | SEMEN SHEWA | 10-02-00-N | 38-52-00-E | 1600 |
| 39 | 15125 | MIRAB SHEWA | 08-37-00-N | 38-12-00-E | 2240 |
| 40 | 234144 | MISRAKAWI | 14-11-00-N | 38-37-00-E | 2210 |
| 41 | 15002 | MIRAB GOJAM | 10-42-00-N | 37-03-00-E | 2100 |
| 42 | 15162 | DEBUB WELLO | 11-15-00-N | 39-45-00-E | 1964 |
| 43 | 15196 | MIRAB SHEWA | 08-58-00-N | 37-36-00-E | 2100 |
| 44 | 15055 | MIRAB SHEWA | 08-58-00 N | 37-52-00-E | 2091 |
| 45 | 15167 | MIRAB SHEWA | 09-04-00-N | 38-30-00-E | 2390 |
| 46 | 15154 | MIRAB WELLEGA | 09-47-00-N | 35-08-00-E | 1650 |
| 47 | 234135 | MIRABAWI | 14-09-00-N | 38-16-00 E | 1900 |
| 48 | 15062 | MIRAB SHEWA | 09-09-00-N | 37-10-00-E | 1700 |
| 49 | 234136 | MIRABAWI | 14-07-00-N | 38-20-00-E | 2930 |
| 50 | 15198 | MIRAB SHEWA | 09-00-00-N | 38-09-00-E | 2240 |
| 51 | 234133 | MIRABAWI | 14-06-00-N | 38-14-00-E | 1850 |
| 52 | 15031 | MIRAB SHEWA | 09-01-00-N | 38-20-00-E | 2160 |
| 53 | 15159 | MISRAK WELLEGA | 08-50-00-N | 36-29-00-E | 2250 |
| 54 | 235399 | SEMEN GONDAR | 36-32-00-N | 37-20-00-E | 1850 |
| 55 | 15134 | SEMEN SHEWA | 07-33-00-N | 37-35-00-E | 2350 |
| 56 | 15010 | BAHIR DAR SPECIAL | 11-34-00-N | 37-23-00-E | 2000 |
| 57 | 15161 | DEBUB WELLO | 11-18-00-N | 39-40-0 -E | 2000 |
| 58 | 15144 | MIRAB SHEWA | 08-58-00-N | 37-36-00-E | 2340 |
| 59 | 15079 | BALE | 07-01-00-N | 39-24-00-E | 2430 |
| 60 | 15142 | MIRAB SHEWA | 08-58-00-N | 37-52-00-E | 2010 |
| 61 | 15081 | MIRAB SHEWA | 08-59-00-N | 37-22-00-E | 1800 |

| 62 | 15004 | MIRAB GOJAM | 10-34-00-N | 37-29-00-E | 2050 |
|---|---|---|---|---|---|
| 63 | 15129 | MIRAB SHEWA | 09-01-00-N | 38-20-00-E | 2200 |
| 64 | 15037 | MIRAB SHEWA | 08-08-00-N | 38-01-00-E | 2400 |
| 65 | 235877 | SEMEN GONDAR | 12-32-00-N | 37-32-00-E | 2050 |

Quadro 2 Lista e caraterísticas dos marcadores EST-SSR utilizados para avaliar a diversidade genética no Níger

| Locus | Repeat motifs | Forward primer( F, 5'-3') Sequence Versus Reveres primers (R, 3'-5') Sequence | Expected allele size | Linked Loci |
|---|---|---|---|---|
| GA003 | $(gat)_2$ | CGCCCTAAAGCTACTTTC TTCC-F CACACTCGCACTAGGA-R | 399-402 | GA127,GA238 |
| GA012 | $(gat)_2$ | CAGTAAGCTCGGTATCTC CAAGTT-F AGAAGATCTCGTCAGCAG AAACAG-R | 263-275 | GA107,GA138 |
| GA013 | $(ctt)_9$ | GGTAATGGTAATGGAGGT TCTGG-F CCTCATCAGAGTTCTTCG GGTTAT-R | 424-455 | None |
| GA018 | $(agc)_2$ | GTTCCAGCCCATGAGTCA TAA-F CTATCTCTTATCTCGTGG GGTTTTG-R | 353-358 | GA 183,GA186 |
| GA029 | $(atc)_3$ | CCATCATCAATGGCGTTA | 270-276 | GA108,GA143, |
| | | CTC-F GTCTCGTTCTAGAAGCTT CATCCT-R | | GA186 |

| | | | | |
|---|---|---|---|---|
| GA035 | $(tga)_3$ | GATTTCTCAGGTGAAGGA -F GCCCTCCCTACAACATAC TTGATA-R | 301-307 | GA107,GA144, GA217 |
| GA037 | $(ta)_2$ | GGTGTTTTGTGTAGTGG TCTGTC-F GACTAGCCAGAAACCGA AGAATC-R | 347-350 | GA081 |
| GA055 | $(ct)_3$ | CCTGAAACAAACCCCAAC AA-F CAGTACATCGCGGAGAG AGG-R | 194-200 | GA191,GA205 |
| GA127 | $(cct)_2$ | CAATCTGCAACTACTGCC ATACC-F CCAGTCAGAACCCTTGAT CACTA-R | 213-216 | GA003,GA117 |
| GA138 | $(aag)_5$ | ATCAACTTCCCCATATAC CTCTGG-F CTTCCTCTGTCACTTCTTT TGGAC-R | 363-378 | GA018,GA0035 GA108,GA183 |
| GA139 | (gaa)7 | GTACATCCCAACTTTACC ATCCAC-F CTCTACAACCAACACCAC TTTCC-R | 223-241 | GA077,GA238 |
| (Source; *Dempewolf et al,* (2010a)) | | | | |

**Quadro 3: Lista de marcadores polimórficos SSR, frequência alélica, diversidade genética e PIC**

| Locus | Major Allele Frequency | Gene Diversity | Heterozygosit y | PIC |
|---|---|---|---|---|
| GA003 | 0.5846 | 0.4857 | 0.7692 | 0.3677 |
| GA012 | 0.6308 | 0.4658 | 0.6154 | 0.353 |
| GA013 | 0.6769 | 0.4374 | 0.4923 | 0.3417 |
| GAO18 | 0.6615 | 0.4478 | 0.4615 | 0.3475 |
| GA029 | 0.7231 | 0.4005 | 0.4923 | 0.3203 |
| GA035 | 0.7538 | 0.3711 | 0.3692 | 0.3023 |
| GA037 | 0.8077 | 0.3107 | 0.3231 | 0.2624 |
| GA055 | 0.7000 | 0.4200 | 0.5692 | 0.3318 |
| GA127 | 0.7154 | 0.4072 | 0.3231 | 0.3243 |
| GA138 | 0.7077 | 0.4137 | 0.4615 | 0.3281 |
| GA139 | 0.6385 | 0.4617 | 0.6615 | 0.3551 |
| | | | | |
| Mean | 0.6909 | 0.4201 | 0.5035 | 0.3308 |

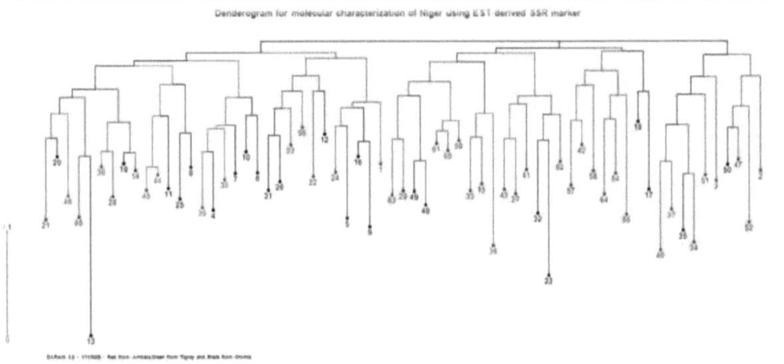

**Figura 1 Dendrograma representando a diversidade genética de 65 germoplasmas do Níger utilizando Marcador SSR**

MIX
Papier aus verantwortungsvollen Quellen
Paper from responsible sources
FSC® C105338

Printed by Books on Demand GmbH, Norderstedt / Germany